Physik im Film "Interstellar". Wie sehen Schwarze Löcher und Wurmlöcher wirklich aus?

Felix Ledersberger

Bibliografische Information der Deutschen Nationalbibliothek:

Die Deutsche Nationalbibliothek verzeichnet diese Publikation in der Deutschen Nationalbibliografie; detaillierte bibliografische Daten sind im Internet über http://dnb.d-nb.de abrufbar.

ISBN: 9783668941588
Dieses Buch ist auch als E-Book erhältlich.

© GRIN Publishing GmbH
Nymphenburger Straße 86
80636 München

Druck und Bindung: Books on Demand GmbH, Norderstedt Germany
Gedruckt auf säurefreiem Papier aus verantwortungsvollen Quellen

Das vorliegende Werk wurde sorgfältig erarbeitet. Dennoch übernehmen Autoren und Verlag für die Richtigkeit von Angaben, Hinweisen, Links und Ratschlägen sowie eventuelle Druckfehler keine Haftung.

Das Buch bei GRIN: https://www.grin.com/document/465942

Abstract

The movie "Interstellar" is a science-fiction-adventure written by Christopher Nolan. He worked together with Nobel price-winning scientist Kip Thorne to design the movie more scientifically substantiated. This prescientific work tries to answer the question, how successful this was.

Black holes are supermassive objects in the border area of physics. In their surrounding and in their inside occur extreme circumstances. They develop out of dying stars as they collapse. Einstein´s theory of relativity predicts this gravitational monsters, it also describes the gravitational time dilatation, which is an important event in the plot.

Wormholes are loopholes inside the space-time. These are also allowed by Einstein´s equations. Their existence could not be verified yet.

As we come to the field of time traveling, we leave the latest state of the art. But in the future, we could be able to describe this topic in a scientifically sound way, as we come closer to the world formula. A four-dimensional tesseract in a more-dimensional bulk, in which different branes are contained, is neither ruled out nor proven, but our physical knowledge nowadays leaves space for such theories.

Vorwort

Im Zuge des Verfassens dieser Vorwissenschaftlichen Arbeit verstarb Stephen
Hawking. Am 14. März 2018, dem 139. Geburtstag Albert Einsteins, verließ uns einer
der größten Denker unserer Zeit und eine der wichtigsten Stützen meiner Arbeit. 1963
wurde bei Hawking amyotrophe Lateralsklerose, kurz ALS, diagnostiziert und die
Ärzte/innen gaben ihm nicht mehr lange zu leben. Doch Hawking gab nicht auf und
promovierte 1966. Trotz seiner schweren Krankheit blieb Hawking stark und forschte
weiter. Sein Körper mag zwar eingeschränkt gewesen sein, doch mit seinem Geist war
er frei und unternahm Reisen durch das Universum, durch die Raumzeit, durch die
Physik.

Ich sehe Hawking als ein Vorbild. Nicht nur wegen seiner Willensstärke, sondern auch
wegen seiner ehrlichen, aufrichtigen Art. Stephen Hawking machte einmal – ganz
menschlich – einen Fehler. Doch anstatt trotzdem an seiner These festzuhalten, gab er
seinen Fehler zu und widerrief öffentlich.[1]

In Memoriam: Stephen Hawking.

Lambach, 1. März 2019

Felix Ledersberger

---

[1] Vgl. Al-Khalili, Jim: Schwarze Löcher, Wurmlöcher und Zeitmaschinen. Heidelberg bei Berlin: Spektrum
Akademischer Verlag 2001. S. 173 ff.

Inhaltsverzeichnis

1 Einleitung

Der Film „Interstellar" fasziniert durch und durch: atemberaubende Aufnahmen und Special-Effects garniert mit Physik und realistischen Modellen. Dieser Hollywoodstreifen regt zum Nachdenken an und verschuldete sicher einige neue Physikinteressierte, wie auch mich. Die Auswirkungen der Relativitätstheorie sind schier unfassbar, und dennoch real. Das Schwarze Loch im Film wirkt auf den ersten Blick wie aus einem übertriebenen, krampfhaft spektakulären Drehbuch, doch diese Gravitationsmonster sind real. Auch das Wurmloch, das locker durchquert wird, basiert auf realen physikalischen Berechnungen und Modellen. Wie viel Physik steckt in „Interstellar" und wie sehen Schwarze Löcher und Wurmlöcher wirklich aus? Diese Frage wird in dieser Vorwissenschaftlichen Arbeit mithilfe klassischer Literaturarbeit und einem Vergleich mit dem Spielfilm beantwortet.

Im ersten Kapitel werden dem Leser/der Leserin die physikalischen Grundlagen nähergebracht, bis hin zur Relativitätstheorie. Anschließend werden Schwarze Löcher genauer erläutert: Wie entstehen sie, welche Eigenschaften haben sie und wie sieht es mit der aktuellen Forschung aus. Des Weiteren sollen Wurmlöcher behandelt werden, jedoch nur kurz, da man sich hier auf sehr dünnem Physiker-Eis bewegt. Im letzten Kapitel folgt ein direkter Vergleich der Darstellungen im Film mit realen physikalischen Theorien. Das Schwarze Loch, welches im Film vorkommt, wird mit dem Schwarzen Loch in unserer Milchstraße verglichen.

2 Physikalische Grundlagen

2.1 Paulisches Ausschließungsprinzip

Das Paulische Ausschließungsprinzip besagt, dass zwei Teilchen immer durch eine Eigenschaft unterscheidbar sein müssen, sie dürfen also niemals die gleichen Quantenzahlen haben. Das Prinzip gilt für Fermionen, Teilchen mit nicht ganzzahligem Spin, also auch Neutronen und Protonen. Die drei Eigenschaften, die ein Elektron beschreiben sind das Orbital, der Drehimpuls und der Spin. Nachdem die Orbitale alle Bewegungseigenschaften eines Teilchens definieren, bleibt nur der Spin, der nur zwei Werte annehmen kann, übrig. Daraus folgt, dass pro Orbital nur zwei Elektronen vorkommen. Ein Orbital ist der Bereich, in dem sich ein Elektron wahrscheinlich befindet, da man in der Quantenmechanik keinen genauen Ort bestimmen kann. Diese Bereiche können sich auch überlappen, also kann es, im Gegensatz zu den Vorstellungen der klassischen Physik, sein, dass sich mehrere Teilchen im selben Bereich aufhalten.[2] [3]

2.2 Relativitätstheorie

2.2.1 Spezielle Relativitätstheorie

Wissenschaftler im späten 19. Jahrhundert glaubten, einer vollständigen Beschreibung des Universums sehr nahe zu sein. Man glaubte, der Raum sei mit einem kontinuierlichen Medium, dem Äther, gefüllt. Die Ausbreitung von Lichtstrahlen und Radiowellen konnte man dank dem Äther in derselben Weise wie die Schallausbreitung durch Druckwellen in der Luft beschreiben.

Man erwartete, dass sich das Licht mit konstanter Geschwindigkeit im Äther ausbreite, dass jedoch seine Bewegung einem Beobachter, der in der gleichen Richtung wie das Licht durch

---

[2] Vgl. Schulz, Joachim: Das Pauli-Prinzip In: URL:
http://www.quantenwelt.de/quantenmechanik/vielteilchen/pauliprinzip.html (dl 3.1.2019, 16:55 Uhr)
[3] Vgl. Schulz, Joachim: Das Orbitalmodell In: URL:
http://www.quantenwelt.de/atomphysik/modelle/orbital.html (dl 3.1.2019, 16:55 Uhr)

den Äther reiste, langsamer erscheinen müsste, während sie einem Beobachter, der dem Licht entgegenreiste, höher erschiene.[4]

Experimente, die diese Annahme bestätigen sollten, blieben ohne Erfolg.

1905 veröffentlichte Albert Einstein eine Arbeit, in der er schrieb, dass man nicht feststellen kann, ob man sich durch den Äther bewegt. Dadurch erübrigt sich der Äther. Er ging davon aus, dass für alle bewegten Beobachter die Naturgesetze gleich sein müssen, auch die Lichtgeschwindigkeit. Diese „sei unabhängig von der Bewegung der Beobachter und von der Ausbreitungsrichtung des Lichts stets dieselbe."[5] Jeder Beobachter müsse den gleichen Wert messen. Daraus folgte der Verzicht auf eine universelle Größe der Zeit. Jeder hätte seine eigene Zeit, die für zwei Körper nur übereinstimmt, wenn diese relativ zueinander ruhen. Im Gegensatz zum Äther konnte diese Annahme experimentell bestätigt werden: Zwei Flugzeuge flogen in genau entgegengesetzte Richtungen um die Erde. Die Uhr in dem Flugzeug, das nach Osten flog, zeigte tatsächlich weniger Zeit an, da sich die Erdrotation und die Bewegung des Flugzeugs addieren. Das nennt man das Zwillingsproblem, welches sich, laut Hawking, auch wie folgt beschreiben lässt: Ein Zwilling A bricht zu einer Raumfahrt auf, in derer er fast Lichtgeschwindigkeit erreicht, während der andere Zwilling B auf der Erde bleibt. Infolge der Bewegung des Raumschiffs verstreicht die Zeit in ihm langsamer als für den auf der Erde gebliebenen Bruder.[6] Der durch den Raum gereiste Bruder stellt fest, dass der Zwilling B mehr gealtert ist, als er selbst.

Eine wichtige Konsequenz aus Einsteins Relativitätstheorie ist das Verhältnis zwischen Energie und Masse. Sie besagt auch, dass sich nichts schneller bewegen kann, als das Licht. Wendet man Energie auf, um etwas zu beschleunigen, wächst die Masse, wodurch die weitere Beschleunigung erschwert wird. Laut der Formel $E = mc^2$, wobei E die Energie ist, m die Masse und c die Lichtgeschwindigkeit, sind Energie und Masse äquivalent. Aus dieser Formel erkannte Einstein, dass beim Spalten eines Urankernes in zwei Kerne mit geringerer Masse sehr große Energie frei wird. *An dieser*

---

[4] Hawking, Stephen: Das Universum in der Nussschale. 7. Auflage. München: dtv Verlagsgesellschaft 2016. S. 14
[5] Ebd. S. 17
[6] Vgl. ebd. S. 19

Die spezielle Relativitätstheorie ließ sich nicht mit den Gravitationsgesetzen von
Newton vereinbaren. Laut diesen würde die Gravitation sofort an jedem Ort des
Universums wirken, sich also unendlich schnell ausbreiten. Einstein erkannte dieses
Problem und stellte fest, dass es eine enge Beziehung zwischen einem Gravitationsfeld
und einer beschleunigten Bewegung gibt. Hawking schreibt, dass jemand im Inneren
eines geschlossenen Behälters, etwa eines Fahrstuhls, nicht entscheiden könnte, ob
sein Behälter sich unbewegt im Gravitationsfeld der Erde befindet oder im freien Raum
von einer Rakete beschleunigt wird.[7] Dieses Prinzip schien für eine runde Erde nicht zu
gelten, zwei Menschen an gegenüberliegenden Seiten der Erde können sich ja nicht
voneinander weg bewegen. Die Äquivalenz von Beschleunigung und Gravitation bleibt
aber gültig, „wenn die Geometrie der Raumzeit nicht flach, wie bislang angenommen,
sondern gekrümmt werde."[8]

2.2.2 Allgemeine Relativitätstheorie

Die neue Theorie, die die gekrümmte Raumzeit beinhaltet, nannte man allgemeine
Relativitätstheorie. Die Ursprüngliche wurde zur speziellen Relativitätstheorie. Einstein
verwendete die von Bernhard Riemann im 19. Jahrhundert entwickelte Theorie
gekrümmter Räume und Flächen. Im Gegensatz zu Riemann, der nur von der
Krümmung des dreidimensionalen Raums ausging, beschrieb Einstein die
vierdimensionale Raumzeit. 1915 entdeckte Einstein die richtigen Gleichungen,
nachdem er und Marcel Grossmann, aufgrund einiger Fehler, die Beziehung der
Raumzeitkrümmung zu Masse und Energie nicht erklären konnten.

Die Krümmung der Raumzeit konnte bereits 1919 nachgewiesen werden. In Westafrika
beobachtete eine Expedition aus Großbritannien die Ablenkung von Licht während
einer Sonnenfinsternis (Abbildung 1).

---

[7] Vgl. ebd. S. 24
[8] Ebd. S. 25 f.

Das Licht eines Sternes, das nahe der Sonne vorbeistreicht, wird abgelenkt, weil die Masse der Sonne die Raumzeit krümmt (a). Dies bewirkt eine leichte Verschiebung in der scheinbaren Position des Sternes aus der Sicht eines irdischen Beobachters (b), ein Phänomen, das man während einer Sonnenfinsternis beobachten kann.[9]

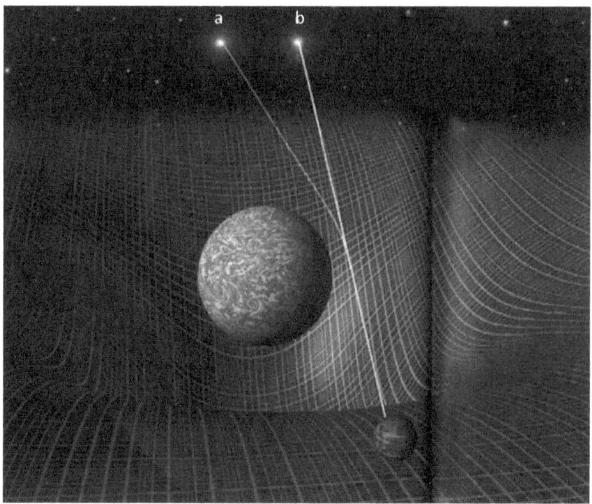

Abbildung 1: Lichtablenkung durch die Sonne

Durch die allgemeine Relativitätstheorie wurden aus Raum und Zeit aktive Teilnehmer im Universum. Dadurch entstand ein Problem: Materie krümmt den Raum, sodass sich Körper aufeinander zubewegen, und das Universum ist voll mit Materie. Einstein fügte die kosmische Konstante in seine Gleichungen ein, da er feststellte, dass seine Gleichungen kein statisches Universum ergeben. Diese Konstante, so Hawking, krümmt die Raumzeit in entgegengesetztem Sinne, entsprechend dem Einfluss, der die in der Raumzeit enthaltenen Körper auseinandertreibt.[10] Die kosmische Konstante kompensierte die Ausdehnung des Universums, die trotz der Gravitation geschieht. Aus der Tatsache, dass sich die Galaxien heute voneinander entfernen, folgt der Urknall. Er glaubte, dass wenn man die Bewegung der Galaxien zurückverfolgt, man zu der Erkenntnis gelangt, dass sie sich nicht an einem Punkt treffen, sondern sich nur knapp aneinander vorbei bewegen. Nach einer Kontraktionsphase wäre das Universum wieder zu der heutigen Dichte expandiert. Hawking schreibt, dass die Kernreaktionen,

---

[9] Ebd. S. 29
[10] Vgl. ebd. S. 29

die im frühen Universum stattgefunden haben müssen, um die vorhandenen Mengen
an leichten Elementen zu erzeugen, allerdings, wie wir heute wissen, nur möglich sind,
wenn die Dichte bei rund einer Tonne pro Kubikzentimeter und die Temperatur bei
mindestens zehn Milliarden Grad liegt.[11]

Die allgemeine Relativitätstheorie hat auch Auswirkung auf die Zeit. Diese wird nicht
nur durch hohe Geschwindigkeiten, sondern auch durch Gravitation beeinflusst.
Körper mit großer Masse krümmen die Raumzeit. Dabei wird nicht nur der Raum,
sondern auch die Zeit gedehnt. Das kann man zum Beispiel bei einem Schwarzen Loch
in der Nähe des Ereignishorizonts beobachten. Ein Beobachter aus der Ferne stellt fest,
dass die Uhr einer Person, die in ein Schwarzes Loch fällt, langsamer geht. Laut Al-
Khalili erscheinen uns deshalb Objekte nahe des Ereignishorizonts wie festgenagelt.[12]
Die Zeit scheint für den Beobachter stillzustehen. Laut der speziellen
Relativitätstheorie ist die Zeitdehnung relativ, das heißt zwei bewegte Beobachter
sehen, dass jeweils die andere Uhr langsamer geht. In diesem Fall ist es anders: Der in
das Schwarze Loch fallende Beobachter sieht die Uhr des anderen schneller gehen.

Auch die Gravitation der Erde dehnt die Zeit. Der bislang präziseste Nachweis dafür
gelang, nachdem 2014 zwei Navigationssatelliten 2700 Kilometer zu hoch platziert
wurden. Sie sind zwar für die Navigation unbrauchbar, konnten aber für diesen
Nachweis zweckentfremdet werden. „Da ihr Abstand von der Erde auf ihrer
Ellipsenbahn pro Umlauf um 8500 Kilometer schwankt, ließ sich der Einfluss der
Gravitation genau erfassen.“[13] Zwischen dem höchsten und dem niedrigsten Punkt
wurde ein Unterschied von 0,37 Millisekunden pro Tag gemessen. Der bislang
genaueste Wert mit einer Messungenauigkeit von 0,007 Prozent konnte um das
Vierfache übertroffen werden.

---

[11] Vgl. ebd. S. 30
[12] Al-Khalili, Jim: Schwarze Löcher, Wurmlöcher und Zeitmaschinen. Heidelberg bei Berlin: Spektrum
akademischer Verlag 2001. S. 225
[13] Könnecker, Carsten: Spektogramm In: Spektrum der Wissenschaft. Heft 2 / 2019. S. 9

2.3 Quantenmechanik

2.3.1 Teilchen

In der allgemeinen Vorstellung sind Teilchen kleine Kugeln. In der Quantenmechanik jedoch werden Teilchen als Anregung von Feldern verstanden. Das ganze Universum kann man sich durchdrungen von Feldern vorstellen. Weil aber, laut Freistetter, in der Quantenmechanik das, was wir uns als Teilchen vorstellen, eben keine Teilchen sind, sondern Felder, kann man diesen Teilchen auch keinen exakten Ort zuordnen.[14] Wir können erst wissen, wo ein Teilchen ist, wenn wir den Ort exakt messen. Aufgrund der Heisenbergschen Unschärferelation können wir dann aber die Geschwindigkeit des Teilchens nicht mehr feststellen. Es ist auch nicht möglich gleichzeitig zu bestimmen, wie viel Energie in einem Feld steckt und mit welcher Geschwindigkeit sich dieses verändert.

Ein Feld kann nie komplett weg sein (das entspräche einer Energie von null) und sich im Laufe der Zeit nicht ändern (das entspräche einer Änderungsrate von null). Denn dann würden wir ja beide Werte exakt kennen. Es muss also immer ein wenig Unruhe geben.[15]

Das heißt, dass ein Feld immer etwas fluktuiert. Bei diesen Fluktuationen kann es vorkommen, dass die Energie zufällig groß genug wird, dass sie ein Teilchen hervorbringt. Laut Einstein sind Energie und Masse sozusagen das Gleiche: $E = m_0 c^2$. Solche Teilchen treten immer in Paaren auf, Teilchen und Antiteilchen. Diese sogenannten virtuellen Teilchen vernichten sich unmittelbar nach der Entstehung wieder.

2.3.2 Vakuum

Aufgrund der Beschreibung der Teilchen als Felder, ist das Vakuum keineswegs – wie allgemein angenommen – leer. Das Vakuum ist voll mit fluktuierenden energiereichen Feldern, in denen Teilchen entstehen. Laut Freistetter sind diese Teilchen, auch wenn sie virtuell genannt werden, keine reine Fantasie.[16] Die Existenz dieser Teilchen konnte

---

[14] Vgl. Freistetter, Florian: Hawking in der Nussschale. Der Kosmos des großen Physikers. München: Carl Hanser Verlag 2018. S. 47
[15] Ebd. S. 48
[16] Vgl. ebd. S. 49

man durch den experimentellen Nachweis des Casimir-Effekts beweisen. Bei diesem Versuchsaufbau befinden sich zwei Platten in einem Vakuum. Wäre das Vakuum leer, würden sich die Platten nicht bewegen. Die Quantenmechanik besagt aber, dass im Vakuum ständig Teilchen entstehen und dass Teilchen eigentlich Wellen sind. Zwischen den Platten können weniger Teilchen entstehen als außerhalb, was dazu führt, dass von außen mehr Teilchen gegen die Platten drücken. Die Platten bewegen sich aufeinander zu.

3 Schwarze Löcher

3.1 Erste Überlegungen

3.1.1 Zwei Theorien des Lichts

Vor etwa dreihundert Jahren, als die erste Idee von Schwarzen Löchern entstand, gab es zwei Theorien über das Licht. Hawking schreibt, eine Theorie, die auch Newton vertreten habe, besagte, dass das Licht aus Teilchen bestünde. Laut der zweiten Theorie bestünde das Licht aus Wellen. [17] Heute wissen wir, dass beide Theorien anwendbar sind. Laut Hawking kann man das Licht nach der Wellen-Teilchen-Dualität als Welle wie auch als Teilchen ansehen.[18] Unklar bei der Wellentheorie war jedoch die Auswirkung der Gravitation auf das Licht. Als Vertreter der Teilchentheorie konnte man wiederum davon ausgehen, dass das Licht im Einfluss der Gravitation steht, wie jedes andere Objekt, zum Beispiel Raketen und Planeten, auch. Zunächst nahm man an, dass die Geschwindigkeit der Lichtteilchen unendlich hoch ist, weshalb sie die Schwerkraft auch nicht abbremsen kann.

3.1.2 John Michells Überlegungen

Von dieser Überlegung ausgehend, kam der Cambridge-Gelehrte John Michell in einem 1783 in den Philosophical Transactions der Londoner Royal Society veröffentlichten Artikel zu dem Ergebnis, ein Stern von hinreichender Masse und Dichte müsse ein so starkes Gravitationsfeld

---

[17] Vgl. Hawking, Stephen: Die illustrierte kurze Geschichte der Zeit. 7. Auflage. Reinbek bei Hamburg: Rohwolt Taschenbuch Verlag 2017. S. 104
[18] Vgl. ebd. S. 104

haben, daß (sic!) ihm das Licht nicht entkommen könne: Alles von der Oberfläche des Sterns ausgesendete Licht würde von den Gravitationskräften des Sterns wieder zurückgezogen werden, bevor es noch sehr weit gelangt wäre. [19]

Obwohl diese Sterne unsichtbar sind, da uns das von ihnen ausgestrahlte Licht nicht erreicht, vermutete Michell eine große Anzahl dieser. Trotz der Unsichtbarkeit spüren wir aber dennoch deren Gravitation.

3.2 Entstehung von Schwarzen Löchern

3.2.1 Der Lebenszyklus eines Sterns

Zum vollständigen Verständnis von schwarzen Löchern müssen wir zunächst über die Entstehung eines Sterns Bescheid wissen. Wenn eine große Menge an Gas beginnt aufgrund der Gravitation in sich selbst zusammenzustürzen, entsteht ein Stern. Bei diesem Gas handelt es sich meistens um Wasserstoff. Während dieses Vorgangs stoßen die Gasatome aneinander. Diese Kollisionen passieren immer öfter und mit immer höheren Geschwindigkeiten, sodass sich das Gas infolge erwärmt. Schließlich ist es so heiß, dass die Wasserstoffatome nicht mehr voneinander abprallen, sondern zu Helium verschmelzen. Die bei diesem Vorgang entstandene Wärme bringt laut Hawking den Stern zum Leuchten.[20] Diese Reaktion kann man mit der Explosion einer Wasserstoffbombe vergleichen. „Die erhöhte Temperatur verstärkt aber auch den Druck des Gases, bis er ebenso groß ist wie die Gravitation.“[21] Einen Stern kann man mit einem Luftballon vergleichen. Bei diesem befinden sich der Luftdruck im Inneren und die Spannung des Gummis im Gleichgewicht. Der Luftdruck möchte den Ballon ausdehnen, die Spannung ist bestrebt den Ballon zusammenzuziehen. Bei einem Stern besteht ein Gleichgewicht zwischen der beim Ablauf von Kernreaktionen freiwerdende Hitze und der Schwerkraft. Diesen Zustand halten Sterne lange Zeit stabil, „schließlich gehen dem Stern jedoch der Wasserstoff und andere Kernbrennstoffe aus.“[22] Je mehr Brennstoff dem Stern am Anfang zu Verfügung steht, desto schneller verbrennt dieser.

---

[19] Ebd. S. 104f.
[20] Vgl. ebd. S. 105
[21] Ebd. S. 106
[22] Ebd. S. 106

Denn je mehr Masse ein Stern hat, desto heißer muss er sein, um seine Gravitationskraft auszugleichen, und je heißer er ist, desto rascher ist sein Brennstoffvorrat erschöpft.[23] Im Gegensatz zu sehr massereichen Sternen, die schon nach hundert Millionen Jahren ausbrennen können, kollabiert unsere Sonne erst in rund fünf Milliarden Jahren. Abbildung 2 zeigt die unterschiedlichen Lebenszyklen von unterschiedlich schweren Sternen: Am Anfang steht immer eine Gaswolke, die sich unter Einfluss von Gravitation zu einem Stern entwickelt. Nachdem unsere Sonne ihren Brennstoff verbraucht hat, bildet sich ein Heliumkern. Sie beginnt zu einem roten Riesen zu expandieren. Ein Kohlenstoffkern ist von einer Schale, die Wasserstoff verbrennt, und einer Gashülle umgeben. Nach dem Gravitationskollaps bleibt ein weißer Zwerg bestehen. Bei einem massereicheren Stern bildet sich ein Überriese, der sich zu einem Neutronenstern oder schwarzem Loch entwickelt.

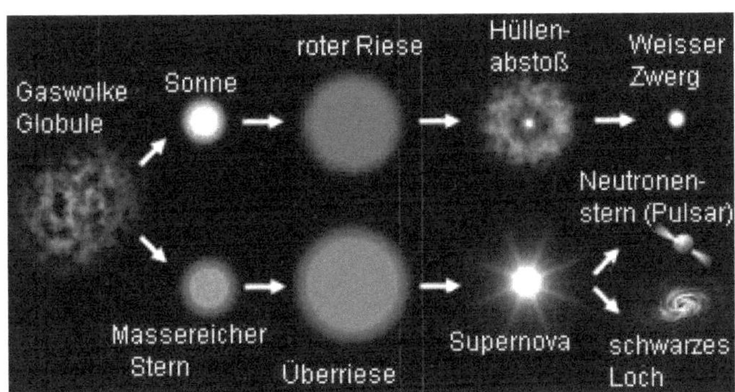

Abbildung 2: Lebenszyklus eines Sterns

Der indische Student Subrahmanyan Chandrasekhar berechnete 1928 bis zu welcher Masse sich ein Stern nach dem Aufbrauchen seines Brennstoffes gegen die eigene Schwerkraft wehren kann. Als Grundlage diente folgendes:

Wenn der Stern kleiner wird, rücken die Materieteilchen sehr nahe aneinander und müssen deshalb nach dem Paulischen Ausschließungsprinzip sehr unterschiedliche Geschwindigkeiten haben.[24]

Infolgedessen tendiert der Stern dazu sich auszudehnen, da sich die Teilchen immer wieder voneinander wegbewegen. So kann, wie Hawking schreibt, ein Stern seinen

---

[23] Vgl. ebd. S. 106
[24] Ebd. S. 108

konstanten Radius bewahren, wenn sich die Anziehung infolge des Ausschließungsprinzips die Waage hält, genauso wie sich zu einem früheren Zeitpunkt Gravitation und Wärmebewegung in Balance befunden haben.[25] Der Abstoßungskraft ist jedoch eine Grenze gesetzt. Die Relativitätstheorie lehrt uns, dass die Geschwindigkeit einen Maximalwert hat, nämlich die Lichtgeschwindigkeit. Der Unterschied der Geschwindigkeit der Teilchen im Stern ist also maximal Lichtgeschwindigkeit. Verdichtet sich der Stern also hinreichend, so ist die durch das Ausschließungsprinzip bewirkte Abstoßung geringer als die Anziehungskraft der Gravitation.[26] Die Chandrasekharsche Grenze bezeichnet die Masse bei dem sich ein Stern der Gravitation nicht mehr widersetzen kann, und liegt etwa bei der eineinhalbfachen Sonnenmasse. Bleibt die Masse unter dieser Grenze, endet der Stern im Zustand eines weißen Zwerges. Diese sind aufgrund der aus dem Ausschließungsprinzip folgenden Abstoßung zwischen den Elektronen stabil. Der russische Physiker Lew Dawidowitsch machte parallel zu Chandrasekhhar ähnliche Entdeckungen. Er zeigte, dass Sterne mit ein- bis zweifacher Sonnenmasse ihre Stabilität aus der Abstoßung von Neutronen und Protonen, und nicht zwischen Elektronen, erhalten, sogenannte Neutronensterne.

---

[25] Vgl. edb. S. 108
[26] Vgl. ebd. S. 108 f.

3.2.2 Vom massereichen Stern zum schwarzen Loch

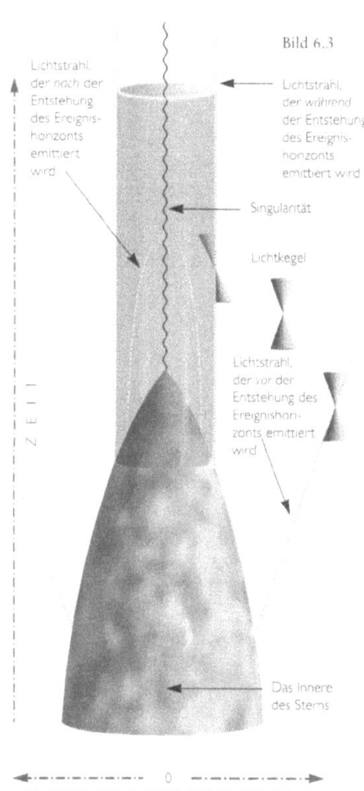

Abbildung 3: Lichtstrahlen während der Entstehung des Ereignishorizonts

Sterne, deren Masse über der Chadrasekharschen Grenze liegt, explodieren in einigen Fällen oder schaffen es genügend Masse loszuwerden. „Aber es ist kaum vorstellbar, daß (sic!) dies immer geschieht, ganz gleich wie groß der Stern ist."[27]

Der amerikanische Physiker Robert Oppenheimer beschäftigte sich mit diesem Problem. Das Gravitationsfeld des Sternes lenkt die Lichtstrahlen in der Raumzeit von den Wegen ab, auf denen sie sich fortbewegen würden, wenn es den Stern nicht gäbe.[28]

Lichtkegel zeigen wie Lichtblitze Raum und Zeit folgen. Diese sind in Oberflächennähe leicht nach innen gekrümmt. Je weiter sich der Stern zusammenzieht, desto stärker wird das Gravitationsfeld an seiner Oberfläche. Und je stärker die Gravitation ist, desto mehr krümmen sich die Lichtkegel nach innen. Dies macht es dem Licht schwerer dem Stern zu entkommen. Ein Beobachter würde erkennen, dass der Stern immer schwächer und röter wird, bis er letztendlich eine Größe erreicht, bei der die Gravitation und die daraus folgende Krümmung der Lichtkegel so stark ist, dass das Licht nicht mehr entweichen kann. Der Stern ist nicht mehr zu sehen. Wenn sogar Licht, das sich am schnellsten Bewegende, nicht mehr

---

[27] Ebd. S. 109
[28] Ebd. S. 110

entkommen kann, wird alles durch die Gravitation zurückgezogen. Diese Region ist ein schwarzes Loch, die Grenze nennt man Ereignishorizont.

Abbildung 3 zeigt ein Raumzeitdiagramm eines massereichen Sterns, der zu einem schwarzen Loch kollabiert. Man sieht, dass der Stern immer kleiner wird bis hin zur Singularität. Lichtstrahlen, die während der Entstehung des Ereignishorizonts emittiert werden, entfernen sich aufgrund der Anziehung nicht mehr vom Stern. Lichtstrahlen, die nach der Entstehung des Ereignishorizontes emittiert werden, werden durch die immense Gravitation wieder angezogen. Der Stern, beziehungsweise das daraus entstehende Schwarze Loch, also der Bereich innerhalb des Ereignishorizonts, sind nicht mehr sichtbar.

3.3 Kategorisierung nach Masse

Wie auch Sterne werden Schwarze Löcher aufgrund ihrer Größe in verschiedene Kategorien eingeteilt.

3.3.1 Stellare Schwarze Löcher

Schwarze Löcher dieser Kategorie sind sehr klein, also nur wenige Kilometer groß. Jedoch besitzen sie die Masse von drei bis 15 Sonnen.[29] Wie bereits beschrieben, entstehen stellare Schwarze Löcher durch den Kollaps von massereichen Sternen. Diese sind vermehrt in Galaxien zu finden.

3.3.2 Mittelgroße Schwarze Löcher

Entstehen stellare Schwarze Löcher aus Sternen, so entwickeln sich Schwarze Löcher dieser Kategorie aus anderen Schwarzen Löchern. Wachsen diese durch Schlucken von Materie, wie beispielsweise Staub, Gas, Planeten oder gar Sternen auf die 100 bis eine Million fache Masse der Sonne, spricht man von mittelgroßen Schwarzen Löchern. Diese kommen hauptsächlich in Zwerggalaxien oder Sternhaufen vor.[30]

---

[29] Vgl. Vaas, Rüdiger: Hawkings Kosmos einfach erklärt. Stuttgart: Frankh-Kosmos Verlag 2011. S. 161
[30] Vgl. ebd. S. 163

3.3.3 Supermassereiche Schwarze Löcher

Wachsen mittelgroße Schwarze Löcher noch weiter heran und erreichen diese mehrere Millionen Sonnenmassen, nennt man sie supermassereiche Schwarze Löcher. Diese können eine Masse von bis zu über zehn Milliarden Sonnen besitzen.[31] Ein Beispiel für diese Art ist das Schwarze Loch namens Sagittarius A* im Zentrum unserer Heimatgalaxie, der Milchstraße. Fast jede Galaxie hat im Zentrum ein supermassereiches Schwarzes Loch.

3.4 Heutiges Wissen über Schwarze Löcher

3.4.1 Fluchtgeschwindigkeit

Die Fluchtgeschwindigkeit v ist die Geschwindigkeit, die man braucht, um der Gravitation eines Körpers zu entkommen. Berechnen lässt sie sich mit der Formel: $v=\sqrt{2gr}$. v ist die Fluchtgeschwindigkeit, g die Fallbeschleunigung und r der Radius. Daraus folgt diese Rechnung:

$$v_{Erde}=\sqrt{2*9{,}81*6378*10^3} \approx 11200\text{m/s} *3{,}6 \approx 40300\text{km/h}$$

Das heißt, eine Rakete muss diese Geschwindigkeit erreichen, um dem Gravitationsfeld der Erde zu entkommen. Je größer die Masse des Körpers, von dem man sich entfernen will, desto größer ist die Fluchtgeschwindigkeit. Bei der Sonne zum Beispiel ist die Fluchtgeschwindigkeit schon 100-mal höher.[32] Aus der unendlich großen Gravitation bei Schwarzen Löchern folgt, dass auch die Fallbeschleunigung unendlich groß ist. Daraus folgt, dass zum Entkommen eine Geschwindigkeit notwendig wäre, die die Lichtgeschwindigkeit um ein Vielfaches überschreitet. Da aber nichts schneller sein kann als das Licht, gibt es keine Möglichkeit dem Schwarzen Loch zu entkommen.

---

[31] Vgl. ebd. S. 162

[32] Vgl. Begelman, Mitchell und Rees, Martin: Schwarze Löcher im Kosmos: Die magische Anziehung der Gravitation. Heidelberg: Spektrum Akademischer Verlag 2000. S.2

3.4.2 Ereignishorizont

Die Grenze, ab der die Fluchtgeschwindigkeit die Lichtgeschwindigkeit überschreitet,
nennt man Ereignishorizont. Ganz allgemein beschreibt ein Horizont, die Grenze
zwischen Sichtbarem und nicht Sichtbarem. Unser Horizont ist die gedachte Linie, an
der es so wirkt, als würden sich Himmel und Erde berühren, bis zu der wir maximal
sehen. Laut Al-Khalili kommt diese Grenze zustande, weil unsere Erde gekrümmt ist,
Licht sich aber nahe der Erdoberfläche mehr oder weniger geradlinig fortbewegt.[33]
Deshalb können wir nicht darüber hinwegsehen. Bei der Annäherung an ein Schwarzes
Loch kann man theoretisch so lange umkehren bis man den Ereignishorizont
überschreitet, dann gibt es kein Zurück mehr.

Der Ereignishorizont, die Grenze jener Region der Raumzeit, aus der kein Entkommen möglich
ist, wirkt wie eine Membran, die rund um das Schwarze Loch gespannt ist. Objekte, wie etwa
unvorsichtige Astronauten, können durch den Ereignishorizont in das Schwarze Loch fallen,
aber nichts kann jemals durch den Ereignishorizont aus dem Schwarzen Loch hinausgelangen.
[...] Alle Dinge und Menschen, die durch den Ereignishorizont fallen, werden bald die Region
unendlicher Dichte und das Ende der Zeit erreicht haben.[34]

3.4.3 Singularität

Doch was ist dieser Bereich der unendlich großen Dichte, die sogenannte Singularität?
Die Dichte in einem Schwarzem Loch ist unendlich groß, da die gesamte Masse in
einem extrem kleinen Punkt vereint ist. Zur Berechnung der Dichte nehmen wir
folgende Formel: $\rho = \dfrac{m}{V}$. ρ ist die Dichte, m die Masse und V das Volumen. Das
Volumen eines Schwarzen Loches ist sehr klein, sogar kleiner als das Volumen eines
einzelnen Atoms. Daraus folgt, dass die Dichte gegen unendlich geht. Die Singularität
stellt ein sehr außergewöhnliches Phänomen in der Physik dar, da sich sämtliche
physikalische Gesetze nicht mehr anwenden lassen. Physiker sind froh, dass die
Singularität durch den Ereignishorizont von der äußeren Welt abgeschirmt ist. Gäbe es

---

[33] Vgl. Al-Khalili, Jim: Schwarze Löcher, Wurmlöcher und Zeitmaschinen. Heidelberg: Spektrum
Akademischer Verlag 2001. S.128
[34] Hawking, Stephen: Die illustrierte kurze Geschichte der Zeit. 7. Auflage. Reinbek bei Hamburg:
Rohwolt Taschenbuch Verlag 2017. S. 116f.

diese Grenze nicht, so Al-Khalili, hätte das wahrscheinlich auch Auswirkungen auf die

Physik, wie wir sie heute kennen.[35]

3.4.4 Hawking-Strahlung

Schwarze Löcher müssten, wenn sie die Gesetze der Thermodynamik nicht verletzen

wollen, strahlen. Ihren Namen verdanken Schwarze Löcher aber der Tatsache, dass

ihrer Anziehungskraft nichts entkommen kann. Dieses vermeintliche Paradoxon löste

Stephen Hawking im Jahr 1975. Unter Berücksichtigung der Quantenfelder und der

allgemeinen Relativitätstheorie lässt sich die Hawking-Strahlung beschreiben. Zuerst

einmal muss man verstehen, dass ein Schwarzes Loch kein statisches Objekt ist. Ein

Schwarzes Loch ist vielmehr ein dynamischer Prozess, der eine in sich kollabierende

Raumzeit beschreibt. Ein Resultat aus der Entstehung eines Schwarzen Loches ist nicht

nur eine extrem gekrümmte Raumzeit, sondern auch ein Unterschied zwischen

Vergangenheit und Zukunft.

Durch diese dynamische Raumzeit bewegen sich zwei Beobachter – der eine in der
Vergangenheit, der andere in der Zukunft – nicht mehr im Einklang, sondern sie sind in Bezug
aufeinander beschleunigt. [36]

Der Beobachter in der Vergangenheit, vor der Entstehung des Schwarzen Loches, sieht

ein normales energiearmes Vakuum. Der Beobachter in der Zukunft hingegen sieht ein

energiereiches Vakuum voller Teilchen. Freistetter schreibt, dass die Hawking-

Strahlung quasi das ist, was das Schwarze Loch aus dem Vakuum gemacht hat, das da

war, bevor es entstanden ist.[37] Ein Part des virtuellen Teilchenpaares befindet sich

hinter dem Ereignishorizont und kann dem Schwarzen Loch damit nicht entkommen.

Das zweite Teilchen entsteht vor dem Ereignishorizont und kann entkommen. Die

Masse des Schwarzen Loches nimmt ab, da das hineinfallende Teilchen negativ ist.

Die Strahlung ist umso stärker, je kleiner das Schwarze Loch ist, da die Krümmung des

Ereignishorizontes umso größer ist, je kleiner das Schwarze Loch ist. Bei einem

---

[35] Vgl. Al-Khalili, Jim: Schwarze Löcher, Wurmlöcher und Zeitmaschinen. Heidelberg: Spektrum
Akademischer Verlag 2001. S. 128ff.
[36] Freistetter, Florian: Hawking in der Nussschale. Der Kosmos des großen Physikers. München: Carl
Hanser Verlag 2018. S. 52
[37] Vgl. ebd. S. 53

typischen Schwarzen Loch dauert es knapp 10^{68} Jahre bis dieses durch die abgegebene Strahlung verschwindet. Bei kleineren Schwarzen Löchern, wie sie in einem Teilchenbeschleuniger entstehen könnten, dauert das nur Sekundenbruchteile.

3.4.5 Schwarze Löcher haben keine Haare

Astronom/innen haben viele Fragen in Bezug auf Schwarze Löcher, wie zum Beispiel was mit der Materie geschieht, die in das Schwarze Loch gelangt. Selbst wenn wir ein Schwarzes Loch in unserer unmittelbaren Nähe hätten, um es zu untersuchen, könnten wir diese Frage nicht beantworten. Auch ein mutiger Trupp, der eine Reise ins Innere wagen würde, könnte den Außenstehenden nichts berichten. Denn ihre Botschaften schaffen es laut Vaas nicht dem Ereignishorizont zu entrinnen.[38]

Von außen lässt sich nicht erkennen, was sich in einem Schwarzen Loch befindet: Sie können Fernseher, Diamantringe oder sogar Ihre schlimmsten Feinde in ein Schwarzes Loch werfen, und es wird lediglich die Gesamtmasse, den Drehimpuls (Drehsinn und -geschwindigkeit) und die elektrische Ladung erinnern. Bekanntlich beschrieb John Wheeler dieses Prinzip mit den Worten: `Ein Schwarzes Loch hat keine Haare.´ [39]

Der Gravitationskollaps ist „ein universeller Gleichmacher"[40], vergleichbar mit kahlgeschorenen Soldat/innen mit gleicher Uniform. Es ist nichts über die Vergangenheit bekannt, weder Temperatur, Helligkeit und Oberflächenstruktur des Sterns, noch ob er aus Materie oder Antimaterie bestand.

3.4.6 Kosmische Jets

Aus Schwarzen Löchern schießen schmale, schnelle Materieströme hervor. Diese haben oft eine Größe von mehreren Millionen Kilometern. Dies mag, wenn man an ein Schwarzes Loch denkt, ungewöhnlich sein, sind diese in der allgemeinen Meinung doch eine Art kosmische Staubsauger. Die Leuchtkraft eines Schwarzen Loches, die durch das eingesaugte Gas erzeugt wird, da dieses aufgrund der immensen Geschwindigkeit

---

[38] Vgl. Vaas, Rüdiger: Tunnel durch Raum und Zeit. Von Einstein zu Hawking. 5. Auflage. Stuttgart: Frankh-Kosmos Verlag 2012. S. 47 f.

[39] Hawking, Stephen: Haben Schwarze Löcher keine Haare?. Zwei Vorträge. Reinbek bei Hamburg: Rohwolt Verlag 2017. S. 21

[40] Vaas, Rüdiger: Tunnel durch Raum und Zeit. Von Einstein zu Hawking. 5. Auflage. Stuttgart: Frankh-Kosmos Verlag 2012. S. 48

sehr heiß wird und deshalb sehr hell leuchtet, ist noch verständlich. Der Gedanke, dass „ein Großteil des einfallenden Gases ´zur Umkehr gezwungen´ und mit 99 Prozent der Lichtgeschwindigkeit oder mehr wieder nach außen geschleudert werden kann"[41], erscheint eher unglaubwürdig. Doch die Radioteleskopie machte eine neue Sichtweise möglich.

Je weiter die Ausbreitung eines Jets voranschreitet, desto mehr nimmt die Dichte der umliegenden Materie ab. Der Jet muss Materie aus dem Weg schieben. Daher bewegt sich das Ende des Jets langsamer als das in seinem Inneren strömende Gas, erklären die Autoren.[42] Am Ende entsteht dann ein Stau der Energie, ein sogenannter „hot spot". Forscher/innen nehmen an, dass sich Jets mit Überschallgeschwindigkeit ausbreiten. Die Schallgeschwindigkeit ist viel höher als in der Erdatmosphäre. Sie reicht bis zu 60 Prozent der Lichtgeschwindigkeit. Das Gas ist aber noch viel schneller, oft ist es nur einen Bruchteil eines Prozents kleiner als die Lichtgeschwindigkeit. Das Gas bremst plötzlich ab, wenn es sich dem „hot spot" nähert. Da keine Schallwelle, so Mitchell und Rees, stromaufwärts laufen und das Gas warnen kann, dass es langsamer werden soll, führt die abrupte Abbremsung dazu, dass sich eine Stoßwelle quer durch den Jet bildet.[43] Die Jetmaterie zerspritzt und kann nirgendwo anders hin als zurück in Richtung Galaxie. Riesige Blasen werden aufgebläht. Diese Blasen sind die hellsten Teile einer großen zigarrenförmigen Hülle, dem Kokon. Die Zeit, die die Jetmaterie in einem „hot spot" verbringt, bevor sie in die Blasen beziehungsweise den Kokon wandert, ist mit rund 10 000 bis eine Million Jahren im kosmischen Kontext sehr kurz. Die Energie in den Blasen, wo sich der Großteil der Energie befindet, beträgt typischerweise so viel, wie wenn die Masse von einer Million Sternen restlos in Energie umgewandelt wird.

---

[41] Begelman, Mitchell und Rees, Martin: Schwarze Löcher im Kosmos. Die magische Anziehungskraft der Gravitation. Heidelberg: Spektrum Akademischer Verlag 2000. S. 146
[42] Vgl. edb. S. 152
[43] Vgl. ebd. S. 152

3.4.7 Gravitationswellen

Gravitationswellen sind mit Lichtwellen vergleichbar. Lassen sich Lichtwellen als sich ausbreitende Veränderungen im elektromagnetischen Feld beschreiben, so kann man Gravitationswellen als sich ausbreitende Veränderungen in der Krümmung der Raumzeit verstehen.[44]

Grundsätzlich werden Gravitationswellen auch schon von kleinen sich bewegenden Gegenständen aus unserer Alltagswelt erzeugt. Weil diese aber sehr schwach sind, ist die Forschung auf viel massereichere Objekte angewiesen. Mit der Formel zur Abstrahlung von Gravitationswellen erkannte Albert Einstein, „dass die Stärke der Wellen von den beteiligten Massen, aber in noch größerem Maß von deren Geschwindigkeitsänderung abhängt."[45] Obwohl zwei sich umkreisende Sonnen eine sehr große Masse besitzen, sind die ausgestrahlten Gravitationswellen sehr schwach, da ihre Geschwindigkeitsänderung gering ist. Man braucht zur Beobachtung also genau so schwere aber viel kleinere Objekte, da sich diese viel enger und schneller umkreisen. Folglich sind deren Gravitationswellen stärker. Messbare Gravitationswellen entstehen bei der Kollision zweier Neutronensterne, beziehungsweise zweier Schwarzen Löchern.

Die Messung von Gravitationswellen gestaltet sich als äußerst schwierig. Bei der Ausbreitung einer solchen, wird der Raum von ihr gedehnt und gestreckt. Wenn so eine Welle auf die Erde trifft, wird diese gestreckt und gestaucht. Die Messung ist hier insofern eine Herausforderung, da das Messinstrument ebenfalls betroffen ist. Am 14. September 2015 konnte man erstmals Gravitationswellen messen. „Zwei schwarze Löcher, jedes von ihnen mit der Masse von ungefähr 30 Sonnen, waren in 1,3 Millionen Lichtjahren Entfernung zusammengestoßen und brachten die Raumzeit zum Beben."[46] Die Messung gelang mithilfe einer Technik namens Laserinterferometrie. Bei dieser Technik wird ein Laserstrahl erzeugt, der dann mithilfe eines Spiegels in zwei normal aufeinander laufende Strahlen geteilt wird. Beide Strahlen werden von einem Spiegel

---

[44] Freistetter, Florian: Hawking in der Nussschale. Der Kosmos des großen Physikers. München: Carl Hanser Verlag 2018. S. 28
[45] Grote, Hartmut: Gravitationswellen. Geschichte einer Jahrhundertentdeckung. München: C.H. Beck, 2018. S. 22
[46] Müller, Andreas: Neue Gravitationswelle bricht alle Rekorde. Vier neue kosmische Gravitationswellensender vorgestellt. In: Sterne und Weltraum. Heft 2 / 2019. S. 38 - 44

reflektiert und laufen zurück. „Wenn beide Strecken exakt gleich lang sind, kommen beide Strahlen auch exakt zum gleichen Zeitpunkt dort an [...]."[47] Wird an diesem Punkt ein Detektor platziert, kann dieser so eingestellt werden, dass sich die Strahlen auslöschen. Wird nun die Erde gestreckt und gestaucht, ändert sich auch die Strecke, die der Laserstrahl zurücklegen muss. Da die beiden Strahlen aber im rechten Winkel zueinander platziert sind, ist die Veränderung nicht ident. Die Strahlen löschen sich nicht mehr aus, es wird ein messbares Signal erzeugt. Beim Laser-Interferometer-Gravitationswellen-Observatorium (LIGO) in den USA legen die Laserstrahlen eine Strecke von 4 Kilometer zurück. Die Längenänderung ist aber tausendmal kleiner als der Durchmesser eines Atomkerns. Die relative Dehnung des Raums beträgt 10^{-21} innerhalb weniger hundertstel Sekunden.[48] Um ausschließen zu können, dass die Längenänderung durch eine Störung hervorgerufen wird, besteht das LIGO aus zwei identischen, 3000 km voneinander entfernten Anlagen. Nur wenn beide, so Freistetter, exakt das gleiche Signal messen, kann es sich um ein astronomisches Phänomen handeln.[49]

3.4.8 Aktuelle Forschung am Beispiel Sagittarius A*

Die Aktualität des Themas „Schwarze Löcher" wird durch die Vergabe des Craford-Preises, ein Preis, der in Disziplinen vergeben wird, die vom klassischen Nobelpreis fast nicht bis gar nicht abgedeckt werden, veranschaulicht. Felicitas Mokler führt ein Interview mit Reinhard Genzel, der zusammen mit Andrea Ghez den Preis von der Königlich Schwedischen Akademie der Wissenschaften erhielt. Erste Spekulationen, dass sich im Herzen unserer Galaxie ein Schwarzes Loch befindet, entstanden Anfang der Siebziger Jahre, nachdem man in anderen Galaxien Schwarze Löcher beobachtete. Als man um 1980 immer bessere Methoden entwickelte, konnte man erstmal Ergebnisse erzielen, die darauf schließen ließen, dass es im galaktischen Zentrum eine konzentrierte Masse geben muss. Genzels Forschung zeigt, dass sich im Zentrum der

---

[47] Freistetter, Florian: Hawking in der Nussschale. Der Kosmos des großen Physikers. München: Carl Hanser Verlag 2018. S. 30
[48] Vgl. Grote, Hartmut: Gravitationswellen. Geschichte einer Jahrhundertentdeckung. München: C.H. Beck 2018. S. 94
[49] Vgl. ebd. S. 32

Milchstraße ein Schwarzes Loch befindet. Da man ein Schwarzes Loch selbst nicht sehen kann, waren andere Methoden notwendig um die Existenz von Sagittarius A* zu belegen. Genzel und Ghez haben dazu die Bewegungen von Sternen im galaktischen Zentrum über viele Jahre hinweg beobachtet. Von einem Stern hat man sogar eine ganze Umkreisung beobachtet. Daraus konnten die Forscher, so Genzel, schlussfolgern, dass es im galaktischen Zentrum wirklich eine Punktmasse gibt, deren Position mit der Radioquelle Sagittarius A* übereinstimmt, dass die Radioquelle kompakt ist und dass sich nicht bewegt.[50] Unter Annahme der allgemeinen Relativitätstheorie muss es sich um ein extrem massereiches Schwarzes Loch handeln.

Mai 2018 konnte man erstmals die Effekte der allgemeinen Relativitätstheorie für die Umlaufbahn von Sternen um das zentrale Schwarze Loch nachweisen. Mithilfe des GRAVITY-Instruments am Very Large Telescope der Europäischen Südsternwarte konnte man die Umlaufbahn eines Sternes beobachten, als er sich dem Zentrum am stärksten nähert. Aufgrund der Tatsache, dass sich die Sterne sehr stark an die zentrale Masse nähern, weiß man, dass das Objekt für seine Masse sehr klein ist. Dadurch kann man Objekte mit vergleichbaren Massen, wie Sternhaufen, ausschließen. Der Stern S2 bewegt sich in einer elliptischen Bahn um das Schwarze Loch (Abbildung 4).

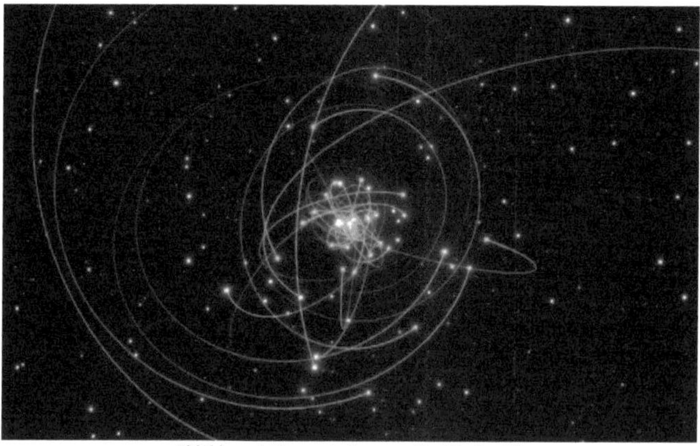

*Abbildung 4: Sternenbahnen um Sagittarius A**

---

[50] Vgl. Mokler, Felicitas: Im Herzen der Milchstraße In: URL: https://www.spektrum.de/news/im-herzen-der-milchstrasse/1151253 (dl: 6.1.2019, 15:14 Uhr)

Während der größten Annäherung des Sterns an das Schwarze Loch, genannt Perizentrum oder Peribothron […], ist die Geschwindigkeit von S2 am höchsten und erreicht Werte von rund 7650 Kilometer pro Sekunde, was 2,6% der Lichtgeschwindigkeit entspricht.[51]

Messen konnte man das mit dem GRAVITY-Instrument am VLT in Chile. GRAVITY kann laut der Max-Planck-Gesellschaft Nah-Infrarot-Licht von allen vier 8-Meter-Teleskopen des VLT in Chile auf eine Weise kombinieren, die die Welleneigenschaften des Lichts nutzt, unter Verwendung einer Technik, die als Interferometrie bekannt ist.[52] Diese Methode bietet eine besonders hohe Genauigkeit: Man könne sogar die Position zweier Kerzen auf dem Mond mit einer Genauigkeit von über sechs Zentimetern messen. Die Genauigkeit erhöht sich auch aufgrund der kurzen Belichtungszeit von nur fünf Minuten, die durch die Empfindlichkeit der Instrumente ermöglicht wird.

Die klassische Newtonsche Gravitation kann die beobachtete Umlaufbahn von S2 in der Nähe des Perizentrums nicht erklären. Stattdessen zeigen die Beobachtungen deutlich die kombinierten Auswirkungen sowohl der schnellen Bewegung von S2 als auch des Gravitationsfeldes des Schwarzen Lochs auf die Bahndynamik.[53]

4 Wurmlöcher

„´Ein Wurmloch ist eine tunnelartige Verbindung durch die Einstein´sche Raumzeit, vergleichbar mit den Kanälen, die ein Wurm durch einen Newtonschen Apfel bohrt.´, erklärt William A. Hiscock schmunzelnd."[54]

4.1 Begriffsherkunft

Der Begriff Wurmloch stammt vom Doktorvater Kip Thornes, John Archibald Wheeler, der auch den Begriff Schwarzes Loch prägte. Thorne kam zu dem Entschluss, dass die

---

[51] Max-Planck-Gesellschaft: Tests der Vorhersagen der allgemeinen Relativitätstheorie in der Nähe des Schwarzen Lochs im Zentrum der Milchstraße In: URL: http://www.mpia.de/aktuelles/wissenschaft/2018-08-gravity-sl (dl: 6.1.2019, 16:14 Uhr)
[52] Vgl. ebd.
[53] Max-Planck-Gesellschaft: Tests der Vorhersagen der allgemeinen Relativitätstheorie in der Nähe des Schwarzen Lochs im Zentrum der Milchstraße In: http://www.mpia.de/aktuelles/wissenschaft/2018-08-gravity-sl (dl: 6.1.2019, 16:25 Uhr)
[54] Vaas, Rüdiger: Tunnel durch Raum und Zeit. Von Einstein zu Hawking. 5. Auflage. Stuttgart: Frankh-Kosmos Verlag 2012. S. 167

Relativitätstheorie wortwörtliche Schlupflöcher durch die Raumzeit erlaubt, die Reisen mit Überlichtgeschwindigkeit erlauben.

4.2 Befahrbare Wurmlöcher

In der Theorie lassen sich Wurmlöcher als Abkürzungen benutzen, um ferne Regionen oder sogar andere Universen mit Überlichtgeschwindigkeit zu erreichen. Es ist aber lange nicht jedes Wurmloch dazu geeignet, auch befahren zu werden.

Das Wurmloch muss statisch und stabil sein, darf also nicht wegfliegen oder einstürzen.
Es darf nicht von einem Ereignishorizont umhüllt werden, sonst könnte man nicht mehr herausfliegen.
Die Gravitationskräfte müssen klein sein, sonst würde man durch die Gezeitenkräfte zerrissen werden.
Die Reise durch das Loch sollte maximal ein Jahr dauern.
Der Bau oder Betrieb eines Wurmlochs sollte in einem vertretbaren Zeitraum möglich sein und keine unendlichen Mengen an Materie und Energie verschlingen.[55]

Kip Thorne und sein Doktorand Michael Morris fanden eine einfache sphärische Lösung für Einsteins Gleichungen. Die Geometrie gleicht einer Sanduhr mit zwei abgeflachten Becken und einem engen Verbindungstück. Matt Visser stellte eine andere Lösung vor. Sie ähnelt einer vierdimensionalen Garnspule mit einer Passage in rechteckiger Form. Dieses Modell wäre sicherer als das Modell der Sanduhr. Weiters gibt es auch noch das chirurgische Schwarzschild-Modell. Hier muss man, laut Vaas, von einem schwarzen Loch gleichsam Ereignishorizont und das als Singularität bezeichnete Zentrum herausschneiden wie Schale und Kernhaus bei einem Apfel.[56] Die gegenüberliegenden Regionen werden dann verbunden.

Es gibt noch zahlreiche andere, nicht so künstlich anmutende Modelle. Die Lösung von Thorne und Morris ist mathematisch zusammengeschustert und laut Computersimulationen instabil.

---

[55] Ebd. S. 172 f.
[56] Ebd. S. 174

Das alles klingt sehr exotisch, und das ist es auch. Es gibt keine experimentellen Beweise für die Existenz von Wurmlöchern, sie sind aber innerhalb der Physik möglich und erfordern keine neuen Theorien.

4.2.1 Ein Wurmloch offenhalten

Um ein Wurmloch am Kollabieren zu hindern, muss man es mit einem Material befüllen, das durch seine Gravitation die Wände auseinander drückt. Bei diesem Material handelt es sich um exotische Materie mit negativer Energiedichte beziehungsweise negativer Masse. Dadurch entsteht, so Vaas, eine gravitative Abstoßung.[57] Ohne dieser, würde das Wurmloch schon kollabieren, wenn sich ein Raumschiff nur annähert. Mithilfe der exotischen Masse wird ein negativer Druck erzeugt, der sich als hohe mechanische Spannung ausdrückt. Doch hier gibt es einige Schwierigkeiten. „Für eine Öffnung von sechs Kilometern Durchmesser sind Drücke von 10^{32} Kilogramm pro Quadratzentimeter notwendig."[58] Das gleicht den Verhältnissen bei Neutronensternen. „Bei einer hundert Meter weiten Passage ist der Wert sogar nochmal zehntausendmal höher."[59] Die Spannung muss das 10^{-17}-fache der Dichte der Substanz betragen, aus der das Wurmloch besteht. Materialien mit diesen Eigenschaften sind nicht bekannt. Ein Eisenstab, zum Vergleich, hat eine Zugfestigkeit von 10 000 Kilogramm pro Quadratzentimeter. Das Hundert Milliardenfache dieses Werts ist notwendig. Vaas erklärt, dass man für ein Morris-Thorne-Wurmloch mit einem Durchmesser von einem Meter bereits exotische Materie von der Masse des Jupiters braucht.[60]

4.2.2 Ein Wurmloch erzeugen

Ist kein Wurmloch vorhanden, das man offenhalten kann, oder ist es zu weit entfernt, muss man eben selber ein Wurmloch bauen. Das ist auf zwei Arten möglich.

---

[57] Vgl. ebd. S. 176
[58] Ebd. S. 176
[59] Ebd. S. 176
[60] Vgl. ebd. S. 176

Beim klassischen Weg wird die Raumzeit ohne Risse verformt. Die Raumzeit wird wie Knetmasse verformt und das Wurmloch direkt in sie hineingeknotet. Ohne Risse gelingt dies aber nur, wenn die Zeit in allen Bezugssystemen verzerrt wird. Es muss möglich sein, sich in der Zeit vor- und rückwärts zu bewegen, das wäre also eine Zeitmaschine. Sollten einen vielleicht auftretende Paradoxien zurückschrecken lassen, bleibt noch ein brutaler Weg, und zwar das Aufschneiden der Raumzeit.

„Denn so wie man aus einer Knetkugel keinen Kringel formen kann, ohne einen Riss zu machen (der Kringel hat nämlich eine andere topologische Eigenschaft), lässt sich auch kein Wurmloch ohne einen solchen Gewaltakt durch räumliche Kneterei erschaffen."[61]

Man darf auf keinen Fall vergessen, dass ein Wurmloch aus Raum besteht, also kein Loch ist. Beim Aufschneiden des Raums hat man einen offenen Rand. Dieser Rand wäre eine nackte Singularität. Der Schaden, der dadurch möglicherweise angerichtet wird, ist nicht abzusehen.

Der quantenmechanische Weg klingt vielversprechender. Hierbei werden physikalische Grenzbereiche wie Singularität oder Zeitschleifen vermieden. Einziges Manko ist, dass man eine Theorie der Quantengravitation braucht, die die Quantenmechanik und die allgemeine Relativitätstheorie vereinigt. Näherungsabschätzungen zeigen, dass auf der Planck-Skala, also bei Längen um 10^{-33} Zentimeter und Zeiten um 10^{-43} Sekunden, die Raumzeit „nicht mehr glatt, kontinuierlich, homogen und einfach sein kann."[62] Laut Wheeler nimmt sie eine schaumartige, körnige Form an. Vaas erklärt, dass Wheeler das submikroskopische Vakuum als ein brodelndes Meer von geometrischen Möglichkeiten beschreibt, das mit winzigen Wurmlöchern durchsetzt ist und es davon geradezu wimmelt.[63] Möglicherweise findet sich ein Weg, so ein Gebilde zu vergrößern und zu stabilisieren. Mit Hilfe einer Inflation, also einer überlichtschnellen Raumausdehnung, wäre das möglich und kann sogar natürlich geschehen. Die Inflation rechtzeitig zu stoppen, wäre dabei die Schwierigkeit.

Wurmlöcher sind derzeit nur theoretische Konstrukte, die Unfassbares versprechen. Es soll nicht nur möglich sein sehr schnell weite Strecken zurückzulegen, sondern auch in

---

[61] Ebd. S. 178
[62] Ebd. S. 179
[63] Vgl. ebd. S. 179

ein Schwarzes Loch zu gelangen, und – was schon gar nicht möglich ist – es mit Forschungsergebnissen wieder zu verlassen. Auch soll es möglich sein, Energie aus Schwarzen Löchern abzuleiten, was die Lösung aller Energieprobleme für sehr lange Zeit darstellt.

5 Vergleich zum Film „Interstellar"

5.1 Das Wurmloch

Das im Film „Interstellar" dargestellte Wurmloch ist stabil. Es kann sogar durchfahren werden. Um diese Stabilität zu erreichen, ist exotische Materie nötig. Es kann nicht natürlich existieren, also wird es im Film von einer höher entwickelten Lebensform offengehalten. Das ist die plausibelste Erklärung für die Existenz eines solchen Wurmlochs. Das Wurmloch hat eine milde Gravitation: Stark genug um die Endurance (das Raumschiff) im Orbit zu halten, aber schwach genug, um Abbremsen durch Raketenschübe zu erlauben, also schwächer als das Gravitationsfeld der Erde. Durch diese schwache Gravitation konnte auch die Zeitdehnung vernachlässigt werden. Auch die Platzierung in der Nähe des Saturns war so möglich.

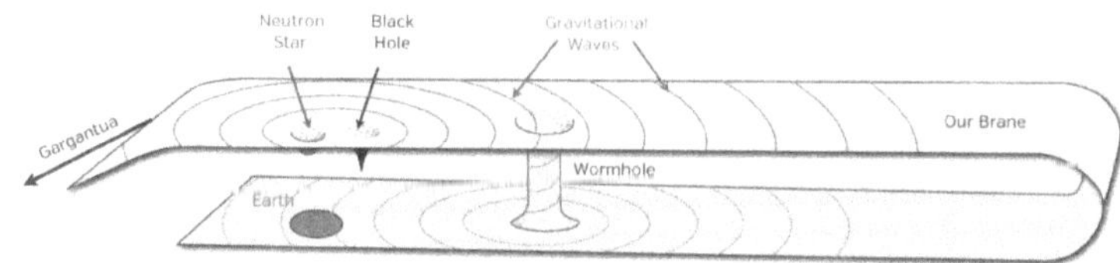

Abbildung 5: Übertragung der Gravitationswellen durch das Wurmloch

5.1.1 Entdeckung des Wurmlochs

Laut Kip Thorne wurde das Wurmloch durch Gravitationswellen entdeckt.[64] Professor Brand (Wissenschaftler bei der NASA und Entdecker des Wurmlochs) entdeckte Gravitationswellen am LIGO-Detektor. Diese konnte er lokalisieren: Sie müssen aus der

---

[64] Vgl. Thorne, Kip: The Science of Interstellar. London: W. W. Norton & Company Ltd. 2014. S. 146

Nähe des Saturn kommen. Da aber in dieser Region keine Gravitationswellen entstehen können, muss dort ein Wurmloch sein, das die Wellen übertragen hat (Abbildung 5).

5.2 Das Schwarze Loch

Das Schwarze Loch trägt im Film den Namen Gargantua. Es wird von einem Wasserplaneten umkreist, auf dem ein Astronaut namens Miller gelandet ist und ein Signal gesendet hat, dass hier Leben möglich ist, nachdem die Menschheit nach einem neuen Zuhause sucht. Später begibt sich Cooper (Pilot und Kapitän der Endurance) auf eine Reise in Gargantua.

Gargantua dehnt den Planten, von dem es sehr nahe umkreist, wird sehr stark. Er ist so nahe, damit die Zeitdehnung so stark sein kann. Er ist aber weit genug entfernt, damit er nicht zerrissen wird. Kip Thorne kommt zu dem Schluss, dass Gargantua eine Masse von mindestens 100 Millionen Sonnen haben muss.[65] Die Masse eines schwarzen Lochs ist proportional zum Umfang des Ereignishorizonts. Daraus folgt, dass Gargantua einen Umfang von rund einer Milliarde Kilometer hat.

5.2.1 Vergleich zu Sagittarius A*

Bei Gargantua hat eine Masse von 100 Millionen Sonnen, Sagittarius A* hat im Vergleich 3,6 Millionen Sonnenmassen.[66] Bei beiden handelt es sich um ein supermassereiches Schwarzes Loch, wobei Gargantua beträchtlich größer ist als das Zentralgestirn unserer Milchstraße. Der Radius von Sagittarius A* beträgt 10,6 Millionen Kilometer. Gargantua hat einen Radius von rund 150 Millionen Kilometer, ist also um einiges größer. Und das obwohl Sagittarius A* für ein Schwarzes Loch schon sehr groß ist.[67]

---

[65] Vgl. ebd. S. 58
[66] Vgl. Müller, Andreas: Lexikon der Astronomie: Sagittarius A*. In: URL:
https://www.spektrum.de/lexikon/astronomie/sagittarius-a/561 (dl 20.2.2019, 19:36 Uhr)
[67] Vgl. ebd. (dl 20.2.2019, 19:38 Uhr)

5.2.2 Millers Planet

Der Planet von Astronaut Miller befindet sich auf dem nähersten noch stabilen Orbit um Gargantua. Diese Nähe zu einer sehr großen Masse dehnt die Zeit. Eine Stunde auf diesem Planeten sind sieben Jahre auf der Erde, also vergeht die Zeit sechzigtausendmal langsamer. Das ist für die Handlung des Filmes bedeutend und klingt unglaublich. Dennoch ist es physikalisch, durch die Relativitätstheorie beschrieben, möglich.

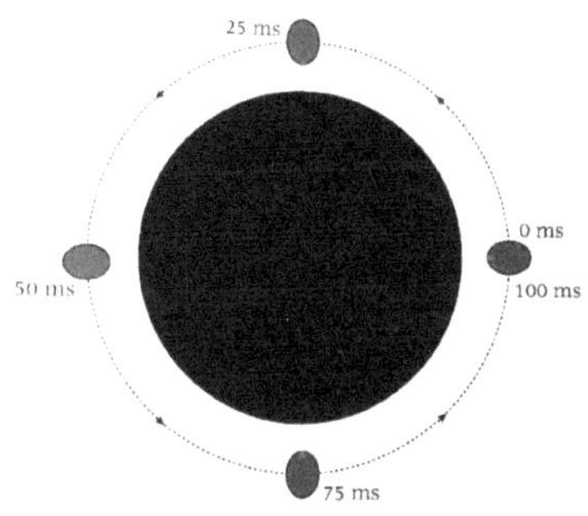

Abbildung 6: Verformung des Planeten

Aber diese Nähe hat auch noch einen zweiten Effekt: extreme Gezeitenkräfte. Diese kann man auf der Erde, ausgelöst durch den Mond, beobachten, sind hier aber um einiges stärker. Der Planet verformt sich immer in Richtung des Schwarzen Loches (Abbildung 6).

5.2.3 Der Tesserakt im inneren Gargantuas

Als Cooper in das Schwarze Loch reist, überquert er den Ereignishorizont, also kann er Signale von außen empfangen, aber selbst keine nach draußen senden. Er wird nicht von den enormen Gravitationskräften zerrissen, sondern kommt in einen Tesserakt.

Wird ein Punkt in eine Richtung gezogen, entsteht eine eindimensionale Linie. Wird diese dann wieder gezogen, entsteht ein zweidimensionales Quadrat. Zieht man dieses wieder in eine Richtung, entsteht ein dreidimensionaler Würfel. Die Weiterentwicklung des Würfels ist ein vierdimensionaler Tesserakt. (Abbildung 7)

Der Tesserakt wurde von höherdimensionalen Wesen erschaffen. Diese Wesen leben im Bulk. Wir, als dreidimensionale Wesen, können nicht mit ihnen in Kontakt treten. Der Bulk ist die höherdimensionale Raumzeit. In dieser gibt es mehrere Branen, wie zum Beispiel unsere. Diese Branenkosmologie wird unter anderem in der Stringtheorie verwendet.

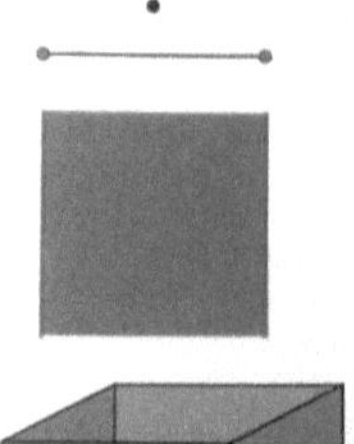

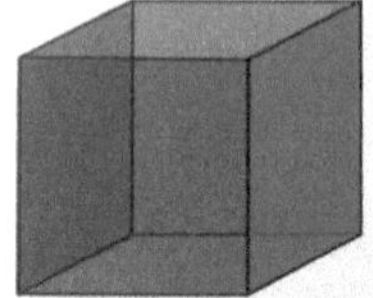

Fig. 29.1. From point to line to square to cube.

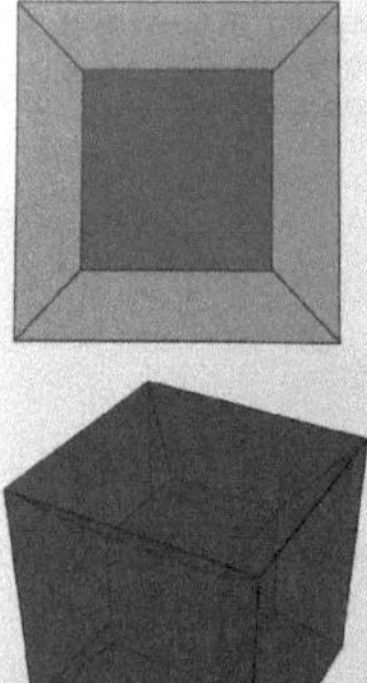

Abbildung 7: Vom Punkt zum Tesserakt

Die Reise vom Inneren Gargantuas zu Murphs (Die Tochter von Cooper) Zimmer passiert über eine andere Brane.[68] Der Tesserakt verlässt unsere Brane (unser Universum) und wird über eine höhere vierdimensionale Brane transportiert, in welcher der ohnehin vierdimensionale Tesserakt wunderbar existieren kann. Cooper hält sich innerhalb dessen auf. In dieser Brane ist Gargantua nur eine Astronomische Einheit von der Erde entfernt, also in der Zeit erreichbar, in der Cooper in das Schwarze Loch stürzt. Cooper sieht im Tesserakt an jeder Seite des Raums, in dem er sich befindet, Murphs Zimmer zu einer anderen Zeit. Dieser Tesserakt wurde nochmal erweitert: Jedes Zimmer wird extrudiert und überall wo sich zwei treffen, ist ein weiteres Zimmer. Zimmer 9 entsteht zum Beispiel aus Zimmer 2 und 3 (Abbildung 8). Hier wird Zeit als physische Dimension repräsentiert.

Cooper reist in der Zeit zurück, da er das Zimmer sieht als Murph noch ein Kind ist, obwohl sie mittlerweile eine alte Frau ist. Da sich Cooper aber in einer anderen Brane befindet und diese nicht verlässt, wird die Regel, dass Zeitreisen unmöglich sind, nicht verletzt. Er kann deshalb auch nicht in seine eigene Vergangenheit reisen.

Zwischen Cooper und dem Zimmer muss eine einseitige Barriere, vergleichbar mit dem Ereignishorizont eines Schwarzen Loches, liegen. Diese Barriere lässt zu, dass Licht von Murph zu Cooper gelangt, aber nicht umgekehrt. Es reist also in die Zukunft, aber nicht in die Vergangenheit. Was jedoch in die Vergangenheit reisen kann, ist die Gravitation, mit derer Hilfe er Bücher bewegen kann.

---

[68] Vgl. Thorne, Kip: The Science of Interstellar. London: W. W. Norton & Company Ltd. 2014. S. 254

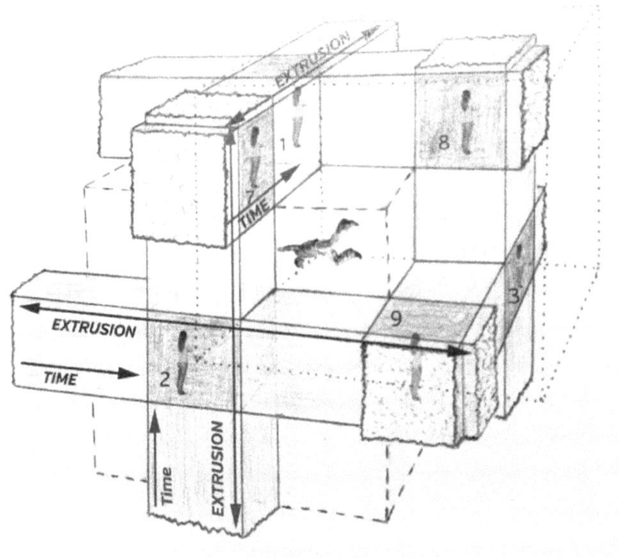

Abbildung 8: Der erweiterte Tesserakt

Das Zimmer wurde extrudiert, also wurde jedes Objekt innerhalb auch extrudiert. Jedes Objekt hat seine eigene Extrusion, seine eigene „world tube". Jedes Teilchen dieses Objektes wurde extrudiert, hat also eine eigene „world line".[69] Das sind die dünnen Linien, die im Film zu sehen sind. Über diese kann Cooper die Bücher bewegen. Wenn er ein Buch bewegt, breitet sich diese Bewegung wie eine Welle zurück in die Zeit aus. Ist die Bewegung stark genug, fällt das Buch aus dem Regal. Die Quantendaten von TARS (ein Roboter, der ebenso in Gargatua stürzt) kann Cooper in dieser Weise mittels Morsecode auf den Sekundenzeiger einer Uhr in Murphs Regal übertragen, der Tesserakt speichert diese zuckenden Muster. Murph entdeckt dies dreißig Jahre später.

---

[69] Vgl. edb. S. 265

6 Fazit

Diese vorwissenschaftliche Arbeit beantwortete die Frage, ob und wie weit der Film „Interstellar" realistisch ist, also ob er innerhalb des physikalisch Möglichen bleibt. Genauer gesagt, ob die Handlung nach heutigem Wissen so in der Realität stattfinden kann. „Interstellar" ist ein Science-Fiction-Abenteuer, das stark auf Science und nicht auf Fiction beruht. Die Frage, ob die uns bekannte Physik, die Handlung zulässt, wird mit Ja beantwortet. Gargantua, das Schwarze Loch, kann so durchaus in unserem Universum existieren, wie in Kapitel drei gezeigt wurde. Auch die extremen Bedingungen auf Millers Plantet lassen sich mittels Einsteins Gleichungen, beschrieben in Kapitel eins, erklären.

Das Wurmloch ist theoretisch möglich, es fehlt derzeit nur die Technologie eines offenzuhalten. Auch fehlt ein endgültiger Beweis, ob Wurmlöcher überhaupt existieren. Sie sind aber physikalisch und rechnerisch, wie in Kapitel vier gezeigt, möglich.

An die Grenze zwischen Science und Fiction kommt man bei Bulk, Branen und Tesserakt. Hier verhält es sich in etwa so wie bei den Wurmlöchern: Es ist physikalisch möglich, aber noch lange nicht bewiesen. Branenkosmologie ist eine nicht bewiesene Theorie, also ist die Zeitreise im Tesserakt, nach heutigem Wissensstand nicht möglich. Man kann die Möglichkeit aber nicht ausschließen, da man nicht weiß, ob die zugrundeliegende Theorie stimmt. Sie ist weder verifiziert noch falsifiziert. Ist sie richtig, ist die Zeitreise im Film möglich.

Wie man sieht, ist es mit unserem heutigen Wissensstand nicht ganz eindeutig, ob die Handlung nun physikalisch begründbar ist oder nicht. Man muss besonders betonen mit unserem derzeitigen Wissen. Der Mensch ist noch lange nicht auch nur annähernd dabei das Universum zu verstehen beziehungsweise die „Weltformel" zu finden. Irgendwann kann vielleicht die Quantengravitation und noch viel mehr beschrieben werden. Irgendwann wird die Fragestellung dieser VWA vielleicht endgültig mit Ja oder Nein beantwortet werden können. Man darf gespannt in die Zukunft der Forschung blicken!

Literaturverzeichnis

Al-Khalili, Jim: Schwarze Löcher, Wurmlöcher und Zeitmaschinen. Heidelberg bei

Berlin: Spektrum akademischer Verlag 2001.

Begelman, Mitchell; Rees, Martin: Schwarze Löcher im Kosmos: Die magische

Anziehung der Gravitation. Heidelberg: Spektrum Akademischer Verlag 2000.

Freistetter, Florian: Hawking in der Nussschale. Der Kosmos des großen Physikers.

München: Carl Hanser Verlag 2018.

Grote, Hartmut: Gravitationswellen. Geschichte einer Jahrhundertentdeckung.

München: C.H. Beck 2018.

Hawking, Stephen: Die illustrierte kurze Geschichte der Zeit. 7. Auflage. Reinbek bei

Hamburg: Rohwolt Taschenbuch Verlag 2017.

Hawking, Stephen: Das Universum in der Nussschale. 7. Auflage. München: dtv

Verlagsgesellschaft 2016.

Hawking, Stephen: Haben Schwarze Löcher keine Haare? Zwei Vorträge. Reinbek bei

Hamburg: Rohwolt Verlag 2017.

Müller, Andreas: Neue Gravitationswelle bricht alle Rekorde. Vier neue kosmische

Gravitationswellensender vorgestellt. In: Sterne und Weltraum. Heft 2 / 2019.

Thorne, Kip: The Sience of Interstellar. New York: W.W. Norton & Company 2014.

Vaas, Rüdiger: Hawkings Kosmos einfach erklärt. Stuttgart: Frankh-Kosmos

Verlag 2011.

Vaas, Rüdiger: Tunnel durch Raum und Zeit. Von Einstein zu Hawking. 5. Auflage.

Stuttgart: Frankh-Kosmos Verlag 2012.

Max-Planck-Gesellschaft: Tests der Vorhersagen der allgemeinen Relativitätstheorie in

der Nähe des Schwarzen Lochs im Zentrum der Milchstraße In: URL:

http://www.mpia.de/aktuelles/wissenschaft/2018-08-gravity-sl

Mokler, Felicitas: Im Herzen der Milchstraße In: URL:

https://www.spektrum.de/news/im-herzen-der-milchstrasse/1151253

Müller, Andreas: Lexikon der Astronomie: Sagittarius A*. In: URL:

https://www.spektrum.de/lexikon/astronomie/sagittarius-a/561

Schulz, Joachim: Das Orbitalmodell In: URL:

http://www.quantenwelt.de/atomphysik/modelle/orbital.html

Schulz, Joachim: Das Pauli-Prinzip In: URL:

http://www.quantenwelt.de/quantenmechanik/vielteilchen/pauliprinzip.html

Abbildungsverzeichnis

Wie viel Physik steckt in „Interstellar" und wie sehen Schwarze Löcher und Wurmlöcher wirklich aus? Diese Frage wird in dieser Vorwissenschaftlichen Arbeit mithilfe klassischer Literaturarbeit und einem Vergleich mit dem Spielfilm beantwortet. Der Film „Interstellar" fasziniert durch und durch: atemberaubende Aufnahmen und Special-Effects garniert mit Physik und realistischen Modellen. (...)